PRATIQUE DE L'ÉLÈVE DES CHEVAUX, ET DE L'ENTRAÎNEMENT DES CHEVAUX DE COURSE,

Ouvrage traitant des soins que réclame l'étalon, de la monte, de la [illegible] de la nourriture des poulinières de pur sang et autres, du sevrage des poulains, du régime alimentaire des jeunes chevaux, de la manière de les maintenir en état et en santé, et des principes de l'entraînement, dont les résultats certains sont attestés par les succès que l'auteur a obtenus pendant une pratique de douze ans;

SUIVI D'OBSERVATIONS SUR L'ÉTAT ACTUEL DE L'ÉLÈVE CHEVALINE, ET SUR LES AMÉLIORATIONS QU'ELLE RÉCLAME.

PAR OLIVIER CHUTEAU,

CHEF DU HARAS DE VIROFLAY.

PARIS,

CHEZ MADAME HUZARD, LIBRAIRE,

RUE DE L'ÉPERON, N° 7,

ET CHEZ L'AUTEUR, AVENUE D'ANTIN,

N° 7 (CHAMPS-ÉLYSÉES).

1834.

S

PRATIQUE

DE

L'ÉLÈVE DES CHEVAUX.

LISTE

DES

PREMIERS SOUSCRIPTEURS.

Le Roi.
S. A. R. le duc d'Orléans.
S. A. R. le duc de Nemours.
M. Thiers, ministre du commerce et des travaux publics.
Le prince de la Moscowa.
Le marquis d'Estrada.
Le marquis de Croix.
Le marquis de Pinieux.
Le marquis de Laigle.
Lord H. Seymour.
Le comte Flahaut.
Le comte de Girardin.
Le comte de La Fite.
Le comte de Beaurepaire.
Le comte de Henry.
Le comte Demidoff.
Le vicomte Hocquart.
Le baron de Curnieux.
Le chevalier de Machado.
Le chevalier de Quingery.
Le chevalier Aubry.
M. Dittmer, inspecteur-général des haras.
M. Henri Lacaze.
M. Rieussec.
M. Ernest Le Roy.
M. Cazalot fils.
M. Carion La Tour.
M. Edmond La Tour.
M. Amédée La Tour.
M. Vandermacq.
M. Th. Patureau.
M. Auguste Lupin.
M. Abeille.
M. D'Estenne.
M. Doinnel.
M. Giroud.
M. Eugène Crémieux.
M. Delarocque.
M. Thomas Haent.
M. Delamarre.
M. George Greufels.
M. L'Estand.
M. Léon.
M. Fasquels.
M. Civillolli.

PRATIQUE

DE

L'ÉLÈVE DES CHEVAUX,

ET DE

L'ENTRAINEMENT DES CHEVAUX DE COURSE;

Ouvrage traitant des soins que réclame l'étalon; de la monte, de la mise-bas et de la nourriture des poulinières de pur sang et autres; du sevrage des poulins; du régime alimentaire des jeunes chevaux, de la manière de les maintenir en état et en santé; *et des principes de l'entrainement, dont les résultats certains sont attestés par les succès que l'auteur a obtenus pendant une pratique de douze ans;*

SUIVI D'OBSERVATIONS SUR L'ÉTAT ACTUEL DE L'ÉLÈVE CHEVALINE, ET SUR LES AMÉLIORATIONS QU'ELLE RÉCLAME.

PAR OLIVIER CHUTEAU,

CHEF DU HARAS DE VIROFLAY.

PARIS,

CHEZ MADAME HUZARD, LIBRAIRE,

RUE DE L'ÉPERON, N° 7;

ET CHEZ L'AUTEUR, AVENUE D'ANTIN,

N° 7 (CHAMPS-ÉLYSÉES).

1834.

PRATIQUE

DE

L'ÉLÈVE DES CHEVAUX,

ET DE

L'ENTRAINEMENT DES CHEVAUX DE COURSE.

CHAPITRE Ier.

1. — DE LA MEILLEURE CONFORMATION DE L'ÉTALON.

La tête pas trop courte et bien attachée. Le front large et plat. Les naseaux bien ouverts. La poitrine large. Le garrot élevé. L'épaule longue et bien inclinée. Le rein court et large. Le cerceau bien arrondi. Le flanc très étroit. La croupe forte et large. La queue bien attachée. Le grasset saillant et fourni. La cuisse large, et surtout les membres très forts en os et en muscles, et le moins charnus possible. Les pieds assez larges, et les talons bien ouverts.

L'important est de ne jamais se servir, même pour le croisement des espèces les plus communes, que du cheval de *pur sang*. Tout autre ferait rétrograder l'amélioration, loin de l'avancer.

La préférence, dans le choix de l'étalon, doit toujours être donnée à celui qui approche le plus de la conformation ci-dessus indiquée, et qui transmet à ses produits sa conformation et les qualités dont il a dû faire preuve sur le terrain de courses.

—

2. — DE LA SAILLIE ET DU RÉGIME DE L'ÉTALON.

La monte doit commencer le 1er février, et se terminer le 1er juillet. L'étalon peut saillir tous les jours deux fois, une le matin, à jeûn : la seconde le soir, également avant son repas. Il peut fort bien saillir jusqu'à cent juments, pour un certain nombre desquelles il faut qu'il recommence plus ou moins de fois. Pour assurer une saillie, il faut qu'elle soit faite deux fois le même jour.

Pendant la monte, l'étalon doit être promené tous les matins pendant une heure, et ne saillir qu'à huit heures. Sa nourriture est de cinq quarts d'avoine par jour, quand il saillit régulièrement; quand il a du repos, quatre lui suffisent. Il faut que son avoine soit toujours mêlée avec une jointée de son sec. Il ne doit boire et on ne lui donnera du foin qu'une demi-heure après la saillie.

Ses repas sont ainsi réglés : Le matin, à cinq heures, un quart d'avoine seulement; puis un second à onze; le soir trois autres quarts, à deux, à cinq et à huit heures. On doit en outre lui donner dix livres de foin par jour, et deux bottes de paille.

On le fera boire trois fois par jour, à sa soif. Par semaine on lui donnera deux mâches, dans chacune desquelles on ajoutera un gros de nitre. Il faut surtout éviter de lui rien faire prendre d'excitant, comme cela se pratique en Angleterre; notre climat ne le demande pas.

La monte terminée, l'étalon doit être abandonné en liberté dans la cour où est son écurie, sans aucun pansement. On réduira son avoine de moitié ; et, pendant quinze jours, il lui sera donné cinquante livres de vert de luzerne, qu'on lui supprimera ensuite ; et, après lui avoir administré deux purgations, on le remettra au régime que je viens d'indiquer.

CHAPITRE II.

1. — SUR LE CHOIX DES POULINIÈRES.

Elles doivent avoir, autant que possible, la même conformation que l'étalon, avec un peu plus de dessous. On donne la préférence aux trois espèces ci-après, savoir : la cauchoise, la boulonnaise et la flamande.

Les premiers produits de ces juments font d'excellents chevaux de cabriolet et de grosse cavalerie ; ils possèdent assez de moyens, de la

A. Regnier lith. Lith. de Delaunois.

Jument Cauchoise.

force, et déjà l'on remarque en eux de la distinction. Les seconds produits sont excellents pour la chasse et le cabriolet ; ils ont autant de qualités et de distinction que les chevaux anglais qui se vendent à Paris trois à quatre mille francs, tandis que ceux-là ne coûteront en province, à l'éleveur, que neuf cents francs lorsqu'ils seront parvenus à l'âge de quatre ans, qui est l'époque où ils doivent êtes mis en vente, ou entrer en service.

—

2. — RÉGIME DES POULINIÈRES ET POULINS DE SECONDE ESPÈCE.

Si la poulinière ne travaille pas, elle ne doit manger par jour que dix-huit livres de fourrage, de toute espèce, pourvu qu'il soit mêlé. Mais comme il est urgent qu'elle travaille, et qu'elle peut fort bien le faire jusqu'à un mois avant la mise-bas (sa grossesse n'en durant que onze), il est convenable dans ce cas de lui donner du grain.

Quand arrive la *mise-bas*, ce que l'on reconnaît à une matière blanchâtre et gluante qu'on aperçoit au bout des mamelles, la jument doit être laissée en liberté, et surveillée par un palfrenier ayant des connaissances, et qui puisse, au besoin, venir à son aide en tirant le poulin au moment des efforts, sans trop lui serrer les membres. Cette opération terminée, les soins se bornent à dégager le poulin de la toile qui l'enveloppe; puis on le laisse tranquille avec sa mère, évitant surtout de toucher au boyau ombilical, qui se détachera de lui-même. Il faut bien se garder aussi de toucher au délivre, qu'on doit laisser tomber spontanément. Lorsque la mère se relève, on fait, au bout d'un quart d'heure, téter le poulin. Une heure après, on donne à la jument une mâche bien mouillée à l'eau tiède, composée d'un quart de son et d'un quart d'avoine. Pendant quatre jours, durant lesquels elle ne devra pas sortir, on lui donnera six livres de foin, et pour boisson un seau d'eau blanche. On aura soin surtout de bien examiner si le poulin évacue aisément : s'il n'évacuait pas, il faudrait avec le doigt lui tirer de l'anus le crotin, qui est presque calciné.

Le cinquième jour après la *mise-bas*, on lui fait reprendre son régime ordinaire, et on la lâche dans un pré, avec son poulin, pendant une heure par jour seulement, pour commencer. Le septième jour ou le neuvième au plus tard, on ne doit pas manquer de la présenter de nouveau à l'étalon pour la faire saillir. On peut lui faire reprendre le travail au bout d'un mois. Le poulin tète aux heures de repas.

Les mêmes soins doivent, à plus forte raison, être donnés aux juments de *pur sang*. Comme celles-ci ne travaillent point, il suffit, deux mois avant la *mise-bas*, de leur donner par jour six litres d'avoine, avec autant de son sec ou très peu humecté.

CHAPITRE III.

1. — DU SEVRAGE DES POULINS.

Tous les poulins doivent être sevrés à l'âge de cinq ou six mois. La veille du jour où doit commencer le sevrage, on leur passe un petit licol en cuir blanc, et on les sépare d'avec leur mère. On ne devra pas en réunir plus de trois ensemble. On tient la mère au régime du sec, et on lui tire du lait trois fois par jour au moyen d'une pelle à braise chauffée au fourneau, que l'on place sous les mamelles, et sur laquelle il se répand, ce qui forme une très forte fumigation. Avec ce lait on lui frotte les pis. Le quatrième jour, on ne la trait plus que deux fois, en employant le même moyen. Deux ou trois jours après on ne la trait plus qu'une fois, et le dixième jour on cesse tout-à-fait ces fumigations. Il n'est plus nécessaire que d'éponger le pis avec de l'eau fraîche. Il convient alors qu'elle soit lâchée ou promenée deux fois par jour. Le quinzième jour, elle doit être entièrement débarrassée de son lait, sans qu'on en ait à craindre aucun résultat fâcheux. Il serait cependant dangereux de le lui faire perdre plus tôt.

---

2. — DE LA NOURRITURE DES POULINS, ET DES SOINS QU'ILS RÉCLAMENT.

A l'âge d'un mois, les poulins doivent manger

un litre d'avoine par jour, en deux repas, pendant lesquels on a soin d'attacher la mère au râtelier. A deux mois, on leur en donne deux litres; et l'on augmente ainsi leur ration d'un litre de mois en mois, de façon qu'elle est de six litres lorsqu'ils ont atteint six mois. En été, on leur diminue l'avoine d'un tiers, que l'on remplace par du vert, à discrétion, sans leur rien donner autre chose. Il leur faut six livres de foin par jour lorsqu'ils sont sevrés, et de la paille suffisamment pour la litière. Tous les huit jours on leur donne une mâche. A l'âge de huit mois, on porte à neuf litres la ration d'avoine, et celle du foin se règle suivant leur appétit (environ dix à douze livres). On leur donne à boire à volonté dans des baquets. On les fait sortir tour les jours dans la prairie, quelque temps qu'il fasse, excepté durant la pluie et la trop grande chaleur. On suivra ce régime jusqu'à l'âge de deux ans pour les poulins de *pur sang*, et jusqu'à l'âge de trois pour ceux de *demi-sang*, les premiers devant rentrer à l'écurie à deux ans pour courir à trois, âge où on les met au régime des chevaux de course; au lieu que les seconds ne doivent rentrer qu'à trois ans et demi, pour être mis en service à quatre. A chacune de ces deux époques, on leur donne par jour douze litres d'avoine, auxquels on ajoute, pour les derniers, dix livres de foin et une botte et demie de paille. Ils doivent boire deux fois dans la journée, et travailler ou être montés deux heures. Quant aux poulins de *pur sang*, je le répète, ils ne doivent jamais être exposés ni à la pluie, ni à la trop grande chaleur.

—

3. — DE QUELQUES SOINS PARTICULIERS.

Les poulins de toute espèce, principalement ceux de pur sang, doivent être séparés par sexe dès l'âge d'un an, et n'être jamais réunis plus de trois ensemble, à la prairie comme à l'écurie. Chaque fois qu'ils mangent l'avoine, ils doivent être attachés séparément avec une simple chaîne de tête, pour assurer la ration complète aux poulins délicats qui ne mangent que très lentement, mais qui, à force de soins, deviennent quelquefois supérieurs aux gloutons. Il n'y a point de ration bien fixe pour les poulins. Ce n'est que leur âge, leur appétit et leur condition, qui la déterminent. Durant ce temps-là, l'homme qui les soigne doit leur lever les pieds et leur donner un coup de peigne aux crins. C'est le moyen d'obtenir tout ce qu'il est nécessaire et important d'exiger d'eux.

L'homme que je préfère pour ces soins si simples et si faciles à donner est celui qui, aimant les chevaux, et étant très doux avec eux, joint surtout à cela beaucoup de patience. Il doit être de l'âge de trente à quarante ans. Il peut aisément soigner jusqu'à vingt sujets, tant poulinières que poulins, n'ayant aucun pansement à leur faire, et ses occupations se bornant à leur donner à boire et à manger, et à les sortir. Il faut qu'il ait soin de leur faire parer les pieds tous les mois ; de leur tenir la pince courte, mais sans excès ; de leur bien ouvrir les talons : toutes attentions essentielles à observer pour arriver à la perfection, et rivaliser avec les Anglais ; ce qui ne demandera que six années d'application.

---

4. — MANIÈRE DE COMMENCER A DRESSER LES POULINS.

Après leur avoir mis un caveçon, on les promène à la main, l'un à la suite de l'autre, pendant deux jours, plaçant à leur tête un vieux cheval très doux. Le troisième jour, on les met à la plate-longe, sur un terrain où il y ait beaucoup de sable, pendant une heure seulement, et on les y tient plus long-temps successivement de jour en jour. Il faut user envers eux de beaucoup de précaution, de douceur, et d'une patience extrême. Ensuite, on leur met un gros mors uni, avec une jouette, pour leur faire la bouche; puis un surfaix, la croupière, et deux lanières en cuir blanc se croisant sur les reins, ce qui les effraie beaucoup; mais on ne doit pas y prendre garde. On les laisse sauter et faire ce qu'ils veulent, ayant soin néanmoins de tenir fermement la longe, sans leur donner aucune secousse. Le terrain doit toujours être bien sablé.

Lorsqu'ils se soumettent tranquillement à ce premier manége, on leur met la selle, et on leur

Regnier lith. — Lith. de Delaunois.

Poulain de pur sang, âgé de deux ans et demi. (Manière de le commencer)

fait prendre beaucoup d'exercice au pas seulement, ce qui les amène plus promptement à l'obéissance. Enfin, pour les monter, ce qui se fait au bout d'environ quinze jours, deux hommes les tiennent par la tête, avec chacun une longe; on leur pose, en place de la selle, une couverture sanglée avec un surfaix plat; on fait monter dessus un jeune homme un peu cavalier; et, après quelques minutes de marche, on met les chevaux à la longe, exercice qui doit être continué pendant plusieurs jours. On les conduit ensuite sur les routes et à travers les villages, pour les habituer au bruit, et les rendre parfaitement dociles, ayant soin de les faire précéder par un vieux cheval très doux, ou un *poney* qui n'ait peur de rien. Dans ces promenades, qui devront durer deux heures chaque jour, on se servira d'un bridon bien léger et toujours uni, auquel on fera coudre les rênes, pour que l'on puisse faire usage d'une martingale à anneau, qui leur ramène la tête dans sa vraie position.

L'usage du mors que j'ai indiqué est l'unique moyen de leur faire la bouche sans leur abymer les barres; chose qui est de la plus grande importance dans l'éducation des jeunes chevaux.

Car beauconp d'entre eux n'arrivent point à la perfection, parce qu'en commençant à les dresser, on a négligé cette précaution, qui ne demande qu'un mois d'observation et d'application de la part du chef et des éleveurs.

On peut ensuite, sans aucune crainte, leur mettre la bride, de préférence la *bride anglaise*, qui agit plus efficacement sur eux que toute autre, par la raison qu'elle est plus simple, et tellement douce qu'elle ne leur gêne en rien la bouche.

A cette époque les poulins doivent être purgés deux fois de suite, à huit jours d'intervalle, avec la médecine que j'indiquerai dans le chapitre V.

Après tous ces soins, qui auront pour résultat de rendre ces jeunes chevaux bien dociles, on pourra les monter en toute sécurité.

—

5. — DU PANSEMENT DES JEUNES CHEVAUX.

A cinq heures du matin en hiver, et en été à quatre, on donne un quart d'avoine à chaque cheval. Aussitôt ce repas fini, on lui fait faire deux heures de promenade. Rentré à l'écurie, on le bouchonne, et on lui lave les pieds jusqu'au-dessus du boulet, ayant soin de les faire sécher de suite. On le fait ensuite se retourner, et on lui panse la tête, lui épongeant les yeux et les naseaux, que l'on a soin d'essuyer de suite. On lui remet le licol, et on lui fait boire de l'eau puisée deux heures d'avance, dans laquelle on a soin de jeter une jointée de son pour lui ôter sa crudité; on finit par le bouchonner en tous sens, pour faire circuler l'eau, ce qui évite le poil piqué, et les coliques.

Ce pansement, qui ne doit durer tout au plus qu'une heure, étant terminé, on lui donne un second quart d'avoine.

A midi, on lui fait boire un demi-seau d'eau; après quoi on lui donne un simple coup de bouchon avec du foin mouillé de la veille. Ce foin, bien secoué, fait alors l'éponge; et, en s'en servant pour bouchonner, on rend le poil du cheval lisse, très luisant, et on le nettoie parfaitement. On lui donne ensuite une troisième avoine, et une botte de paille dans le retelier.

A cinq heures du soir, après l'avoir fait boire, on lui fait un léger pansement, et on lui donne ensuite la quatrième avoine, puis le foin. A huit heures vient la cinquième avoine seulement.

Il ne doit rester à l'écurie que dans les temps pluvieux ou nébuleux. Il est très bon de lui donner, le soir, une mâche par semaine. Une seule couverture suffit pour le couvrir lorsqu'il est à l'écurie, dont la température ne doit être que de dix-sept à vingt degrés, comme la plus convenable à la santé de ce si précieux et si utile animal. Ce régime convient parfaitement aux chevaux de selle et d'atelage.

CHAPITRE IV.

1. — DE L'ENTRAINEMENT.

L'entraînement des chevaux de course est une science que les parties intéressées cherchent à à envelopper de mystères, dans l'espoir d'obtenir des avantages plus certains sur des concurrents moins habiles. Cependant les procédés à employer pour amener les chevaux que l'on doit lancer sur l'*hippodrome* à l'état où ils doivent nécessairement être pour y déployer toutes leurs qualités sont si simples, que l'on éprouve une surprise pénible en voyant les moyens que, dans divers départements de la France où cet art est inconnu, ceux qui veulent faire courir mettent en usage pour ce que j'appelle entraîner les chevaux.

Je crois donc me rendre utile à mon pays en faisant connaître les vrais principes de l'entraînement que j'ai vu pratiquer en Angleterre, et que je n'ai cessé moi-même de pratiquer depuis douze années en France, d'abord, pendant huit ans, au haras de Meudon, sous les ordres du duc de Guiche, et depuis quatre ans que je suis chef du haras de Viroflay, au service de M. Rieussec.

—

I. — DES GALOPS.

Le cheval de course doit toujours avoir quatre mois d'entraînement. On peut aisément l'entraîner sur un terrain d'un mille de long, en lui donnant, à plusieurs reprises, trois ou quatre galops. Il doit avoir fait, avant de galoper, une heure d'exercice au pas, et on lui en fera faire une demi-heure après ses galops terminés, et avant sa rentrée à l'écurie. Le premier galop se fait d'un quart de mille, très doucement, et s'appelle le galop *préparatoire*, au bout duquel on revient au pas sur le même terrain. Son second galop est de trois quarts de mille; son troisième du mille entier; le quatrième d'autant, si on le juge nécesaire. Il faut avoir soin d'augmenter sa vitesse progressivement à chaque galop; mais le premier et le dernier doivent toujours être moins vifs.

On doit lui donner par semaine deux galops *de vitesse* d'une longeur double de celle qu'il parcourt ordinairement, c'est-à-dire de deux milles à deux milles et demi. Il est nécessaire de diminuer les galops de deux jours l'un. Cet exercice doit être modifié suivant l'âge, la force et l'appétit des chevaux : car il y en a de plus ou moins délicats, qu'il convient d'exercer peu au galop et beaucoup au pas. Quant aux chevaux froids et forts mangeurs, l'on ne doit jamais craindre de leur donner trop d'exercice, si, toutefois, leurs jambes le permettent. En un mot, on doit se régler, à cet égard, suivant la condition et le tempérament du cheval.

Lorsqu'il a terminé son premier mois d'entraînement, le cheval de course doit avoir régulièrement tous les cinq à six jours une suée; mais, avant de commencer, il faut qu'il ait été purgé deux à trois fois de suite, à huit jours de distance, avec la dose que j'indiquerai.

Il faut avoir soin de ne jamais faire usage de la muserolle que la veille et le jour des suées, essais et courses.

—

2. — DE LA SUÉE.

Les premières suées, appellées en anglais *breast-sweater*, doivent se donner avec précaution et beaucoup de soins, dans la crainte de fatiguer les jambes du cheval. On lui met trois ou quatre couvertures, et à l'entour du col une grande bande de flanelle, qui doit envelopper la poitrine et les épaules; en sus, deux ou trois camails. On le sort à huit heures du matin dans les pleines chaleurs, et à neuf dans les temps un peu froids. On le promène d'abord une heure et demie au pas; on lui donne ensuite un petit galop *préparatoire* d'un demi-mille. Une demi-heure après, on commence son galop de *suée,* qui est de quatre à cinq milles, d'une haleine, suivant l'âge du cheval. A moitié de la course, on augmente peu à peu sa vitesse, et sitôt qu'elle est terminée, on le rentre à l'écurie, où on lui ajoute encore des couvertures sur les parties les plus grasses du corps.

On le laisse ainsi souffler pendant vingt minutes environ, pour donner à la transpiration le temps de s'établir. Ensuite on le découvre, en commençant par l'avant-main, que l'on gratte avec des couteaux de chaleur de quinze pouces de long sur quatre de large, mais peu tranchants.

L'homme qui tient le cheval lui sèche en même temps la tête avec des serviettes. On découvre et l'on gratte en second lieu l'arrière-main, et l'on finit par le corps. Quand l'opération est terminée, on sèche bien parfaitement le cheval avec des serviettes, en se donnant bien de garde de le laisser avoir froid.

Pour ce pansement il faut trois hommes : l'un tient la tête du cheval, et les deux autres le ratissent et le sèchent.

Lorsqu'on a terminé ce pansement, qui doit se faire vigoureusement, on fait boire au cheval une gorgée d'eau. On le sort ensuite avec une seule couverture et un seul camail; et, après l'avoir promené un quart d'heure au pas, on lui donne un galop modéré d'un demi-mille à un mille; puis on le remet au pas pendant une petite demi-heure.

On le rentre alors à son écurie; on lui fait manger une jointée de foin arrosé d'eau fraiche; on lui panse bien la tête; on lui éponge les yeux, les naseaux; on lui redonne un peu de foin sec, et on achève le pansement en une petite demi-heure.

Il faut lui donner ensuite une mâche composée de deux litres de son et de trois d'avoine. Pendant ce temps on lui lave les pieds et les jambes jusqu'aux genoux avec de l'eau chaude. On a soin de les sécher à mesure et de les envelopper avec des bandes de flanelle, de lui graisser les pieds et de les remplir de bouse de vache. Après lui avoir donné de nouveau une poignée de foin, on lui fait un bon lit, sur lequel on le laisse en liberté. On lui fait boire trois heures après un petit seau d'eau tiède.

Tous ces détails doivent être observés à chaque suée. Ce jour-là le cheval ne doit jamais sortir le soir. Le lendemain on lui donne un petit galop très modéré d'un demi-mille, et le reste de son exercice se fait au pas.

J'observe qu'une dernière suée est indispensable à donner quatre à cinq jours avant les courses.

—

3. — DE LA MANIÈRE DE PRÉPARER LE CHEVAL DE COURSE POUR LA SUÉE.

La veille de la suée il faut lui faire faire moins d'exercice, et lui donner à boire, le soir, un peu plus que d'ordinaire, s'il en a envie, sans rien changer à sa ration d'avoine et de foin. A dix heures du soir on lui met la muserolle, pour qu'il ne puisse rien manger, ayant soin que les trous de cette muserolle soient percés assez grands pour ne point lui gêner la respiration.

A cinq heures du matin on lui fait manger l'avoine seulement; puis on le panse bien, et on lui remet sitôt après la muserolle. A huit heures on le sort, comme l'indique l'article 2, et on lui donne la suée plus ou moins forte, suivant son état et son tempérament. (A cet égard, voir ci-dessus l'article 1 du présent chapitre.)

---

4. — DEUXIÈME PÉRIODE DE L'ENTRAÎNEMENT.

Arrivé au milieu des exercices de l'entraînement, c'est alors qu'il faut un homme adroit, qui connaisse parfaitement la pratique de cet art; homme capable, conséquemment, de juger si la condition du cheval demande qu'on suive ses suées régulièrement, ou qu'elles ne soient données que de distance en distance: car j'ai été souvent obligé d'en donner à certains chevaux tous les trois ou quatre jours, tandis que pour d'autres il fallait mettre huit à dix jours d'intervalle entre chacune. En résumé, quand un cheval de course est à peu près à son point, il est nécessaire de lui diminuer l'exercice ; et, s'il reprend trop promptement de l'état, il faut le lui augmenter.

—

5. — SUR LE SOIN DES JAMBES.

Il faut éviter de frictionner les jambes du cheval avec quoi que ce soit d'irritant, à moins qu'il n'existe de fortes molettes. Dans ce cas, il faudrait des frictions à l'eau-de-vie camphrée, que l'on peut composer soi-même en suivant la formule ci-après :

On fait dissoudre dans un demi-verre d'esprit-de-vin une once et demie de camphre, que l'on mêle dans un litre de bonne eau-de-vie, en y ajoutant une once et demie de sel ammoniac. On frictionne avec cette préparation les molettes, et même les articulations ; mais ces frictions ne se font qu'à la suite d'une suée ou d'un fort galop ; et l'on évite d'employer, autant que possible, les bandages, à moins que les jambes ne l'exigent.

---

6. — SUR LE SOIN DES PIEDS.

Deux ou trois fois par semaine, dans les temps secs, et principalement à la suite des suées, il faut remplir de bouse de vache l'intérieur du pied du cheval, et graisser la couronne et la fourchette.

---

7. — DE LA FERRURE.

Le cheval doit être ferré deux jours avant de courir, et tous les quinze à vingt jours durant l'entraînement, toujours à froid, par des maréchaux doux, avec des fers proportionnés à sa taille et à sa force. Pour l'entraînement, ses fers ne doivent peser que deux livres; mais pour la course, ils ne doivent être que de cinq quarts si elle se fait dans le sable, et de trois quarts si elle a lieu sur le gazon. Il faut avoir soin que les fers soient de la même épaisseur, et plats partout, à l'exception des éponges, qui doivent être un peu plus fortes, pour préserver les fourchettes de toucher à terre; ce qu'il est essentiel d'éviter sur un terrain dur. Cette précaution est inutile pour les chevaux qui ont les pieds étroits, ou, comme on dit, des pieds de mulet. C'est une conformation vicieuse; les pieds larges sont bien préférables, et susceptibles de résister à toutes sortes de fatigues. Il faut toujours tenir la pince suffisamment courte, ce qui fatigue moins le tendon; éviter les *nerf-ferrures;* toujours mettre les pinçons aux pieds de derrière, sur les côtés en dehors; deux petites mouches suffisent aux talons.

---

8. — PRÉPARATION A LA COURSE.

Deux ou trois jours avant que le cheval ne coure, ses exercices doivent être moins forts. La veille, un petit galop d'un demi-mille lui suffit. Il doit rester moins long-temps dehors, pour être délassé et frais le jour de la course.

Le soir, à cinq heures, on ne lui fait boire qu'une vingtaine de gorgées d'eau, après quoi on lui donne, comme d'habitude, un petit galop de quatre à cinq cents pas. On le rentre aussitôt, et, lorsqu'il est pansé, on ne lui donne que l'avoine; puis on lui met la muserolle.

A huit heures du soir, on lui donne comme d'ordinaire son avoine. S'il ne la mange pas, on y ajoute une petite pincée de sel. Lorsqu'il a fini de manger, on lui remet la muserolle.

Le jour de la course on lui donne, le matin à cinq heures, un quart d'avoine. Il arrive très souvent qu'il n'en mange que la moitié; mais elle lui suffit. De suite on le sort une demi-heure seulement, et on lui donne un petit galop de trois à quatre cents pas pour lui rendre l'estomac libre; puis on le rentre; et, après l'avoir pansé, on lui remet la muserolle. Il faut avoir soin qu'il ne mange plus rien. Une heure avant de le conduire sur le terrain de course, au moment où il va sortir de l'écurie, on lui donne une jointée d'avoine un peu humectée d'eau fraîche, et une seule gorgée d'eau. Avant qu'il entre en course, on lui fait boire un peu d'eau mêlée avec de l'eau-de-vie. Ses courses terminées et rentré à l'écurie, on lui donne avec précaution un peu de foin trempé dans de l'eau fraîche, puis cinq à six gorgées d'eau tiède, enfin du foin sec. Lorsqu'il est pansé à moitié, on lui redonne à boire de l'eau tiède autant qu'il en veut, et, après avoir achevé le pansement, on lui fait manger l'avoine. Tout se termine là.

---

9. — NOURRITURE DU CHEVAL DE COURSE.

Il doit avoir par jour quinze litres d'avoine, de la plus pesante, distribuée en cinq repas; savoir : 1° le matin à quatre heures, en été, avant l'exercice ; 2° à neuf heures, lorsque, rentré de l'exer-

A. Regnier lith.

Lith. de Delaunois.

Second croisement de la jument cauchoise, avec l'étalon de pur sang.

cice, son pansement est terminé ; 3° à une heure après-midi ; 4° à six heures ; 5° enfin à huit heures du soir. Sa ration de foin est de cinq à six livres, et on lui donne deux bottes de paille fourragée par les moutons, afin qu'il n'en mange point et qu'elle ne lui serve que de litière. Il doit boire trois demi-seaux d'eau, savoir : un le matin à la rentrée de l'exercice, le second à une heure, et le dernier à cinq heures, au moment de sortir pour la deuxième fois : car, tant que l'entraînement dure, il doit faire deux sorties par jour.

On peut donner aux chevaux un peu délicats quelques févroles, s'ils veulent en manger.

La nourriture et la boisson des chevaux de chasse doivent être les mêmes que pour ceux de course ; ils réclament les mêmes soins, et doivent être soumis au même entraînement, dont seulement on diminue beaucoup les exercices.

CHAPITRE V.

1. — DE LA PURGATION.

Le cheval de course doit absolument être purgé, avec la médecine suivante, trois fois de suite, à huit jours d'intervalle, dans la première quinzaine de mars. On le purge encore deux fois en juin, et deux fois en juillet, à moins qu'il ne soit obligé de courir à ces époques : dans ce cas on doit avoir soin de le purger quatre ou cinq semaines avant qu'il ne coure.

Composition de la médecine.

Aloës de Barbade, depuis six gros jusqu'à	1 once.
Savon de Castille	2 gros.
Poudre de gingembre	1 id.
Huile de carvis	10 gouttes.
Rhubarbe	1 gros.
Soufre précipité	1 id.

Du sirop de nerprun, quantité suffisante pour pétrir le tout, et n'en former qu'une pilule.

Cette médecine a beaucoup de supériorité sur toutes les autres : elle purifie le sang du cheval, sans jamais lui faire éprouver aucune colique. Elle m'a toujours réussi.

On peut fort bien préparer cette médecine soi-même, en suivant exactement cette formule. On pile l'aloës dans un mortier en marbre ou bronze; on coupe le plus petit possible, avec une lame de couteau, le savon de Castille, que l'on mêle avec l'aloës, y versant goutte à goutte la quantité d'huile indiquée ci-dessus, ainsi que les autres ingrédients. On aura soin de bien piler et triturer le tout, en y ajoutant ce qu'il faut de sirop pour le pétrir. La pilule pèsera de dix à onze gros.

Cette dose suffit à tous les chevaux de course. Quant aux chevaux d'un tempérament robuste, comme par exemple un fort cheval de carrosse ou de chasse, il faut porter pour eux à 9 ou 10 gros la dose d'aloës. Cinq gros suffisent à un cheval de trois ans.

—

2. — SOINS A OBSERVER POUR PRÉPARER LE CHEVAL A LA MÉDECINE.

La veille on lui donnera trois mâches de son bien mouillé, le foin, et à boire, comme d'habitude. Le jour de médecine, on a soin de l'attacher le matin, et de lui supprimer toute nourriture. A huit ou à neuf heures, on le détache pour lui faire prendre sa pilule, soit avec la main, soit à l'aide d'un fusil de bois, que l'on peut se procurer facilement à Paris, chez *MM. Boulet*, vétérinaire, ou *Berry*, maréchal; et on le rattache ensuite. Au bout de deux heures, il pourra manger une bonne jointée de foin. Une heure après, on lui fait boire cinq à six litres d'eau tiède, dans laquelle on jette un peu de son, et on lui donne de nouveau une jointée de foin. A une heure après midi, même quantité d'eau, un quart de son frisé, et une jointée de foin; puis on le laisse en liberté dans son écurie, ayant soin de le tenir bien chaudement. A cinq heures, on lui donne à boire à discrétion, puis un quart de son peu humecté, et un tiers de botte de foin. A huit heures, après lui avoir fait boire un seau d'eau blanche dans sa mangeoire, on lui donne vivement un bon coup de bouchon de paille, avant de lui faire manger une dernière jointée de foin. Ce jour-là il ne doit être ni pansé, ni sorti de l'écurie.

Ce n'est que le lendemain que la purgation opère. Le matin, on lui donne à boire à discrétion, puis le foin et le son, comme on l'a fait la veille après sa médecine. A huit ou neuf heures, si le temps le permet, après l'avoir bien couvert, on le sort, et on le promène au pas pendant une heure. S'il n'évacue pas suffisamment, il faut le trotter très doucement, de temps en temps, se donnant bien de garde de le faire suer. Ensuite on le rentre, on lui bouchonne bien les jambes, et on lui nettoie les pieds, sans les lui laver. Il ne doit pas non plus être pansé ce jour-là.

Vers onze heures ou midi, on le sort une seconde fois, avec les mêmes précautions. Si la médecine n'opère pas assez, on prolonge d'une heure son exercice.

Si au contraire le cheval évacuait trop, on lui donnerait moins d'exercice et moins à boire.

Le jour où il prend sa médecine, et le lendemain, il ne doit point du tout manger d'avoine.

Le surlendemain, on lui donne un quart d'avoine et une bonne jointée de son sec mêlés ensemble. On le panse comme d'habitude, et on le remet à son régime ordinaire. Pendant trois jours encore, en été, et quatre en hiver, il doit boire de l'eau tiède.

—

3. — DE LA SAIGNÉE.

Tous les chevaux de course doivent être saignés quatre à cinq semaines avant de courir, quand ils rentrent d'une suée. Lorsque le pansement est terminé, on peut leur donner à boire et à manger une demi-heure après la saignée. La quantité de sang qu'on doit leur tirer est ordinairement de trois à quatre litres.

Quelquefois il est urgent de leur tirer un peu de sang au printemps : il m'est quelquefois arrivé, principalement pour les produits de certains étalons qui sont fort mangeurs, d'être obligé d'avoir recours à la saignée deux à trois fois dans l'année.

—

4. — PRÉPARATION DE L'ONGUENT PROPRE A L'ENTRETIEN DES PIEDS DU CHEVAL, ET ESSENTIEL A LEUR CONSERVATION.

Prenez :

Térébenthine commune	8 onces.
Saindoux	1 livre.
Suif de bœuf.	1 id.
Graisse d'oie	4 onces.
Cire jaune	4 id.

Faites dissoudre le tout ensemble sur un feu lent. Lorsque cet amalgame est bien fondu, et cuit à point, on le retire de dessus le feu, et on en fait usage deux heures après qu'il a pris la consistance d'onguent.

—

5. — DES SOINS A DONNER POUR LA GOURME.

Souvent j'ai vu des poulins attaqués de cette maladie sous leurs mères. Pour ceux-là il n'y a rien à faire, si ce n'est d'éviter qu'ils ne soient exposés à la pluie et aux brouillards. Quant aux jeunes chevaux que la gourme atteint, cette maladie devenant plus grave chez eux, ils réclament des soins. Il suffit de leur graisser les glandes avec du saindoux pour les rendre molles. Lorsqu'elles sont bien mûres, si elles n'aboutissent point d'elles-mêmes, on a recours à la lancette, ayant l'attention de faire une ouverture assez grande, et de presser la glande avec les doigts pour faire sortir entièrement l'humeur. Il n'est plus nécessaire ensuite que de nettoyer la plaie avec de l'eau de mauve chaude et bien grasse.

On doit se donner bien de garde de changer la température à ces jeunes chevaux, et de les exposer aux brouillards et à la pluie. Il ne faut jamais les couvrir. On ne cesse pas de les sortir pendant plus ou moins de temps quand il fait beau, ayant surtout attention, lorsqu'ils commencent à tousser ou à jeter, de leur garnir la gorge d'une peau de mouton, et on continue de graisser les glandes s'il en apparaît.

On leur donne de l'eau miélée tiède, toujours à discrétion, et à manger ce qu'ils préfèrent. Ces soins demandent tout au plus quinze jours d'assiduité. L'homme de l'établissement peut les donner lui-même.

Depuis douze ans que je pratique cette méthode, elle m'a toujours parfaitement réussi. J'ai eu quelquefois à soigner dix à douze poulins atteints en même temps de cette maladie, naturelle chez tous les jeunes chevaux : pas un n'y a succombé. J'ai souvent vu employer dans divers établissements des médicaments qui n'ont servi qu'à tuer des chevaux qui certes se seraient tirés d'affaire si on s'en fût tenu au moyen que j'indique ici, et qui me paraît le seul efficace contre la gourme.

---

6. — MOYENS DE CONNAÎTRE QUAND LE CHEVAL A BESOIN D'ÊTRE SAIGNÉ, OU D'ÊTRE PURGÉ.

Si le cheval est triste, et qu'il mange à peine,

si les vaisseaux de l'œil sont très rouges et enflammés, on peut alors être certain qu'une saignée est nécessaire.

On reconnaît que le cheval est échauffé lorsque son crottin est noir et dur. Il a besoin alors de quelques rafraîchissements pendant une couple de jours. Quand il est nécessaire de le purger, son crottin est jaunâtre et couvert de glaires.

Ces indices sont très simples à observer.

CHAPITRE VI.

DE LA POSITION QUE LE COUREUR DOIT TENIR A CHEVAL.

Il doit avoir le buste un peu fourché en avant, appuyer fortement les poignets de chaque côté du garot, près le pommeau de la selle; tenir solidement la tête de son cheval, et serrer les genoux pendant toute la course, pour le soutenir dans les bras et dans les jambes. Le coureur ob-

Cheval de course lancé dans tout son train.

tiendra ainsi un grand aplomb. Il aura soin surtout de faire le moins de mouvements possible, ce qui est un moyen de moins charger le cheval. Il observera de tenir dans l'étrier la pointe du pied un peu en dehors, basse et perpendiculaire au genou.

Si le cheval tire beaucoup, le coureur élève un peu les poignets au-dessus du garot, ramène son corps un peu en arrière, tenant néanmoins sa tête un peu inclinée en avant.

S'il est forcé de frapper (moyen auquel il ne faut recourir qu'à la dernière extrémité), les bras et les jambes doivent agir ensemble, le plus vivement possible.

CHAPITRE VII.

MES OBSERVATIONS.

Tout fermier ou éleveur peut obtenir par année dix à douze chevaux dits de commerce, propres à la selle et à l'atelage, et cela, seulement avec douze poulinières des espèces que j'ai indiquées (lesquelles, malgré leur position, feraient fort bien le service de la ferme), en y ajoutant deux poulinières de pur sang, de premier choix, afin de pouvoir présenter des chevaux au concours, et d'entretenir notre beau pays d'étalons et de poulinières de race pure.

Ces chevaux, qui dans les environs de Paris reviennent, pour ceux qui les élèvent, à deux mille francs lorsqu'ils sont arrivés à l'âge de quatre ans, en les nourrissant et les soignant comme je viens de l'indiquer, ne coûteront en province que de neuf cents francs à mille francs. Cette grande différence provient principalement de ce que toutes sortes de grains leur conviennent parfaitement, excepté au cheval de *pur sang*, qui demande à être nourri avec de l'avoine et du foin de la meilleure qualité. On peut juger des forts bénéfices que l'on ferait en élevant loin de la capitale des chevaux qui à cet âge peuvent se vendre de quinze cents à deux mille francs.

Les principes que je viens de développer dans ce traité doivent être pratiqués avec une rigoureuse exactitude. Autant vaudrait, autrement, renoncer à l'élève chevaline. Il serait donc à désirer qu'ils fussent appréciés et accueillis par le gouvernement, ainsi que ceux exposés dans la brochure du prince de la Moscowa, qui propose d'augmenter les primes et les prix de courses, qui sont réellement insuffisants pour indemniser les éleveurs et leur donner de l'émulation.

Je crois donc qu'il serait nécessaire d'établir des courses de printemps à Versailles, ville jadis si prospère, mais délaissée depuis trop longtemps. Elle possède un parc on ne peut plus convenable pour y établir un hippodrome à peu de frais. A défaut du parc, se présente tout tracé le contour de la pièce d'eau des *Suisses*, qui peut contenir 50 à 60 mille spectateurs, au nombre desquels se trouverait la majorité des étrangers, qui y accourraient en foule; ce qui, indubitablement, rendrait la vie à cette belle cité.

Ne conviendrait-il pas d'établir aussi à Senlis de pareilles courses, qui auraient lieu dans la première quinzaine de juillet. Cette création serait d'autant plus à propos, que, dans cette contrée, il y a de riches propriétaires et fermiers, connaisseurs en majeure partie et très amateurs de chevaux, à qui, certes, il faudrait peu d'encouragement pour les porter à se livrer à ce genre d'industrie indispensable et si précieux pour notre France ?

Je citerai, entre autres, M. Fasquels, très riche propriétaire, près Chantilly, qui possède près de cent chevaux dans son établissement, et a fait faire, à ses frais, dans ses plaines, un terrain de course de la même grandeur et dans les mêmes proportions que le Champ-de-Mars. Il se ferait, je n'en doute pas, un vrai plaisir de le mettre à la disposition des amateurs pour y concourir.

Si ces moyens étaient adoptés, on verrait bientôt les propriétaires circonvoisins se livrer avec ardeur à l'*élève chevaline*, et former des établissements qui, au bout de sept ans, seraient en pleine activité.

Je regarde les résultats comme si certains, que je ne crains pas d'affirmer qu'au bout de ce laps de temps, nous aurions des chevaux à fournir aux étrangers.

Plus tard on pourrait fonder des courses dans les principales villes de la France, à l'imitation des Anglais dans leur pays.

Beaucoup de personnes s'étonnent de voir que les productions de *Raimbow* ont été bien supérieures, ces dernières années, à celles des précédentes. La raison en est toute simple, et la voici : c'est que, pendant les six premières années, le chef aux soins duquel l'établissement était confié avait la manie de leur donner beaucoup de carottes et de son, et très peu d'avoine. A un poulin d'un à deux ans, qui réclame dix à douze litres d'avoine, il n'en donnait que trois à quatre, ce qui n'a pu faire que des chevaux *veules*, manquant de fond, de muscles et d'énergie. Tout cela retombait sur ce fameux et inappréciable étalon, qui n'en était point du tout la cause, et dont le propriétaire a été dupe d'un faux système, qui appartenait en entier au chef de son haras. Car je puis assurer que *M. Rieussec* n'a rien négligé pour réparer le mal en me fournissant toujours la première qualité d'avoine, la plus pesante, et le meilleur foin possible, pour les chevaux de *pur sang*. Aussi j'ose me flatter que, depuis que son établissement m'a été confié de nouveau, j'ai su en tirer un parti qui ne laisse rien à désirer. J'y ai de plus formé des jeunes gens que j'ai rendus capables de courir, et de pratiquer les soins convenables dans un haras.

Maintenant il me reste à faire connaître un perfectionnement qui, en peu de temps, ferait du haras de Meudon un *haras-modèle* sous tous les rapports. Ce serait d'y dresser des jeunes gens d'une constitution convenable à faire des jokeys. Je leur enseignerais en même temps la pratique des soins nécessaires pour bien élever les chevaux, et les principes qu'on doit suivre pour gouverner un haras avec ordre et économie. Cette éducation ne demanderait que trois ans. Je choisirais à l'hospice des orphelins douze à quinze petits jeunes gens, que je mettrais de suite en culotte et en bottes; et au bout d'une année, tout en suivant leur cours d'instruction, ils sauraient soigner les chevaux et faire tous les travaux du haras.

Je vois avec plaisir que le gouvernement a fait cette année tous les efforts possibles pour arriver à l'amélioration de nos races de chevaux. *M. Henri Lacase* vient de faire l'acquisition de cinq célèbres étalons anglais, pour faire la monte au bois de Boulogne, où l'on désirait depuis si longtemps voir former cet établissement.

Je ne saurais trop recommander pour eux les soins que j'ai détaillés dans mon chapitre premier, afin de maintenir en état ces excellents producteurs. Qu'on n'aille pas, comme cela s'est toujours fait en France, les priver d'exercice, et surtout leur appauvrir le sang à force de paille et d'eau blanche. C'est un vieux système, tout-à-fait pernicieux à l'élève des chevaux : ce régime ne convient qu'aux vaches et aux porcs.

Nous voilà donc possesseurs des plus beaux étalons qu'on ait encore vus en France. Les amateurs et les éleveurs devront toute leur reconnaissance à *M. Henri Lacaze*, qui a su doter notre beau pays de ces cinq fameux producteurs :

Napoléon, — *Lottery*, — *Cadlan*, — *Tetolum*, — *Noemus.*

Je leur conseille donc d'en profiter le plus possible, des trois premiers surtout, dont la réputation est européenne.

ÉTAT NOMINATIF
DES CHEVAUX COURUS PAR L'AUTEUR.

ANNÉES des COURSES.	NOMS des CHEVAUX courus	NOMS des PROPRIÉTAIRES.	PRIX gagnés.	PRIX perdus.	DÉSIGNATION.
			f.		
1824.	Pénélope.	Le duc d'Angoulême.	8,000	»	Grand prix, et prix d'arrondissement, à Paris.
1825.	Le Truffle junior.	Le duc d'Angoulême.	»	perdu.	Id. à Paris.
1825.	La Tigresse.	Rieussec.	3,000	»	Prix Dauphin, à Paris.
1826.	L'Odicius.	Le duc d'Angoulême.	6,000	»	Grand prix, à Paris.
1827.	Le Zéphir.	Delaroque.	1,200	»	Prix de 3 ans, courses du Pin.
	La Biche.	Raitt.	1,200	»	Engagement, au Pin.
1828.	L'Ariel.	Crémieux.	4,000	»	2e engag. au bois de Boulogne.
1830.	L'Eglé.	Lord H. Seymour.	1,200	»	Prix de 3 ans, à Paris.
1831.	Mouna.	Delaroque.	1,200	»	Prix de 3 ans, courses du Pin.
	Flore.		1,200	»	Id.
	Aline.		900	»	Id.
	Daphné.		»	perdu.	Id.
	Le Ministre.		»	perdu.	Id.
	Aline.		1,200	»	à Paris.
1831.	La Bergère.	Delaroque.	»	perdu.	Grand prix, à Paris.
	Le Fovius.	Lord H. Seymour.	»	perdu.	Prix de 3 ans, à Paris.
1831.	La Dauwine.	Eugène Crémieux.	3,000	»	Prix d'Orléans.
1832.	Georgina.	Rieussec.	»	perdu.	Prix de 3 ans, à Paris.
	Félix.		1,200	»	Prix d'arrondissement, à Paris.
	Félix.		3,000	»	Prix d'Orléans, à Paris.
	Félix.		1,200	»	Engagement, à Paris.
1833.	Georgina.	Rieussec.	10,000	»	En trois prix, à Paris.
	Hercule.		1,500	»	Prix de 3 ans, à Paris.
	Félix.		6,000	»	Grand prix, à Paris.
	Félix.		2,000	»	Engagement, à Paris.

IMPRIMERIE DE GUIRAUDET,
RUE SAINT-HONORÉ, N° 315.